DE L'EMPLOI DU FER DANS LES CONSTRUCTIONS

PLANCHERS, POITRAILS & LINTEAUX

SUPPORTS OU PILIERS

[illegible]

PARIS

[illegible]

DE L'EMPLOI DU FER DANS LES CONSTRUCTIONS

PLANCHERS, POITRAILS & LINTEAUX

en fer laminé

SUPPORTS OU PILIERS

en fonte ou en fer forgé

RENSEIGNEMENTS PRATIQUES

sur leur exécution

ET

CALCULS FAITS

indiquant à première vue

LA SECTION DES FERS A EMPLOYER

dans la généralité des cas qui peuvent se présenter.

SUIVI D'UNE ANNEXE

sur la

RÉSISTANCE DES BOIS

employés comme

Poteaux, pieux, étais, poutres, solives de planchers, etc., etc.,

PAR

G. DES BIARS, ARCHITECTE

1874

PARIS
LIBRAIRIE POLYTECHNIQUE DE J. BAUBRY
15, rue des Saints-Pères.

Section I

DE L'EMPLOI USUEL DU FER

A DOUBLE T

DANS LA CONSTRUCTION DES BATIMENTS

NOTE DE L'AUTEUR

Maintenant que l'emploi des poutrelles et des supports en fer tend à se généraliser jusque dans les constructions les moins importantes, il arrive parfois que l'architecte, — en élaborant ses projets, — se trouve obligé de perdre un temps précieux à consulter divers ouvrages traitant de la matière pour y découvrir les longues formules théoriques qui servent à déterminer la section des fers à employer, eu égard à leur longueur, à leur écartement entre eux et aux charges qu'ils peuvent avoir à supporter.

Ayant eu maintes fois l'occasion de reconnaître l'inconvénient d'abandonner pendant un temps relativement long l'étude d'un projet quelconque pour calculer le degré de résistance de certaines pièces, nous avons pris la détermination, non-seulement de réunir en un travail aussi succinct que possible, — sans prétention aucune, — les notes et renseignements usuels recueillis dans une expérience de dix années ; mais encore de rechercher une série de formules essentiellement pratiques donnant des solutions rapides pour la généralité des cas où l'on emploie plus spécialement le fer.

A l'aide de quelques-unes de ces formules, nous avons dressé plusieurs tableaux que le praticien consultera avec fruit et qui pourront lui épargner souvent de longues recherches. Nous avons indiqué d'autres formules également très simples pour les cas particuliers qui peuvent se présenter. Elles ne sont peut-être pas toujours d'une précision mathématique rigoureuse ; cependant les résultats qu'elles donnent par leur application sont d'une exactitude assez positive pour qu'on puisse en faire usage dans la pratique sans aucun inconvénient. Nous dirons même à ce sujet, que des calculs faits d'après les arides mais savantes formules de Tom Richard, Morin, Hodgkinson et autres ne conduiraient pas à des solutions beaucoup plus précises, parce qu'il y a toujours à faire une assez large part à l'approximation dans les expériences qui ont servi de base à ces formules, et qui ont eu lieu sur des matériaux similaires, il est vrai, à ceux que l'on emploie, mais dont la composition intime et le genre de fabrication peuvent varier jusqu'à présenter des différences suffisamment sensibles pour influer plus ou moins sur leur degré de résistance absolue ou relative.

G. des Biars.

Lille, Mars 1874.

DE

L'EMPLOI USUEL DU FER
A DOUBLE T
DANS LA CONSTRUCTION DES BATIMENTS

PREMIÈRE PARTIE.

PLANCHERS.

I.

Fers laminés pour planchers ordinaires.

1. *Dimensions ordinaires des fers à double T.* — Les fers employés le plus ordinairement pour planchers sont à double T et à petit bourrelet. Leur hauteur varie de 8 à 22 centimètres ; le développement de leur bourrelet de 36 à 60 millimètres, et l'épaisseur de leur âme ou partie verticale, de 5 à 19 millimètres.

2. *Flèche ou cintre des fers.* — Pour compenser la flexion naturelle que les fers de faible section éprouveraient sous leur charge normale, on leur donne généralement en fabrique une flèche de cinq millièmes

par mètre, ou de $\frac{1}{200}$ de leur longueur, ce qui fait que les plafonds se maintiennent horizontalement après la confection des planchers.

3. *Ecartement des solives.* — Il est assez d'usage d'espacer les solives en fer de 70 à 80 centimètres les unes des autres ; mais on peut aller jusqu'à 0^m 90 et même un mètre sans inconvénient, surtout lorsque les pièces sont bien serrées dans les murs sur une longueur variant de 15 à 25 centimètres suivant que la portée ou distance entre les points d'appui est plus ou moins considérable.

4. *Enchevêtrures.* — Lorsqu'il est nécessaire d'employer des enchevêtrures pour ménager des jours dans les sous-sols, pour le passage de tuyaux de cheminées, etc., on doit se servir de poutrelles à âme plus épaisse, ou bien encore de fers à large bourrelet, qui offrent une résistance supérieure. Ces enchevêtrures doivent être à peu près, sinon de même hauteur que les autres pour ne point créer trop de difficultés dans la pose des parquets ou la confection des plafonds.

5. *Cornières d'assemblage.* — Il est bon que les cornières dont on se sert pour l'assemblage des poutrelles sur les enchevêtrures aient une épaisseur approchant celle de l'âme de ces poutrelles et une longueur d'aile égale au moins à deux fois la hauteur des fers à assembler.

6. *Boulons.* — Les boulons doivent être particulièrement soignés, en fer doux de toute première qualité, avec de fortes têtes carrées et de bons écrous. On leur donnera autant que possible un diamètre égal au *huitième* au moins de la hauteur des poutrelles, pour les

fers de 80 à 140 millimètres, et au *dixième* au plus pour les fers de 16 à 30 centimètres.

7. *Entretoises.* — On conçoit que des poutrelles espacées de 80 centimètres à un mètre et posées seulement aux deux bouts dans l'épaisseur des murs pourraient parfois se gauchir, se déverser sous diverses influences. On remédie à cet inconvénient au moyen de chevêtres ou entretoises en fer carré de 16 à 20 millimètres de côté, selon le plus ou moins d'écartement des solives. Ces entretoises s'accrochent sur les bourrelets supérieurs des poutrelles, et sont recourbées ensuite de manière à s'appuyer sur le dedans des bourrelets inférieurs. Elles sont donc placées perpendiculairement aux fers à double T, et on les espace entre elles de 80 centimètres à un mètre, selon les circonstances.

8. *Fantons ou carillons.* — Parallélement aux poutrelles, et sur les entretoises, on place d'autres petits fers carrés de 8 à 10 millimètres de côté auxquels on a donné le nom de *fantons* ou *carillons*. On en met ordinairement deux entre chaque solive; cependant il est bon d'en employer trois quand l'intervalle à garnir approche sensiblement de un mètre.

Quelques architectes font recourber ces fantons à angle droit sur les entretoises pour les descendre au même plan que la partie inférieure des bourrelets des solives. Ce travail assez compliqué aurait une raison d'être si l'on se bornait à faire un simple plafond qui exigerait encore pour être solide de petites tringles intermédiaires aux carillons; mais il devient parfaitement inutile si l'on veut rendre le plancher sourd, peu vibrant et donnant peu de prise au feu, ce à quoi l'on doit toujours particulièrement s'attacher.

9. *Hourdis économique en plâtras de démolition.* — Pour obtenir cet avantageux résultat à très peu de frais, il suffit d'établir un hourdis de 10 à 11 centimètres d'épaisseur en plâtre et plâtras de démolition que l'on confectionne ainsi qu'il suit :

Après avoir installé sous les solives un plancher provisoire en planches brutes de rebut, on place sur le grillage formé par les entretoises et les fantons des plâtras de démolition que l'on noie simplement dans du plâtre liquide. Quand le plâtre est pris, on enlève le plancher, et l'on a une surface suffisamment rugueuse sur laquelle on peut appliquer l'enduit du plafond qui y adhère parfaitement.

10. *Hourdis en briques creuses ou en poteries.* — On emploie aussi des briques creuses que l'on pose de champ, sur un plan horizontal, au moyen d'un plancher volant, comme il a été dit ci-dessus. Ce hourdis est excellent, préférable même au précédent pour les endroits humides ; mais il coûte un peu plus cher et pèse à peu près le même poids, 1,350 à 1,400 kilogrammes le mètre cube.

Pour les planchers de faible portée, lorsque la hauteur des poutrelles employées ne dépasse pas 12 à 13 centimètres et que l'écartement entre les fers à double T n'est pas supérieur à 0^m 80 ; ce genre de hourdis permet à la rigueur de supprimer tous les fantons et une grande partie des chevêtres, parce que les briques entretoisent naturellement les solives en remplissant complétement le vide qui existe entre elles.

11. *Hourdis en carreaux de plâtre.* — Les hourdis formés de carreaux creux en plâtre, permettent pour la même raison de supprimer également tous les carillons et presque tous les chevêtres. On trouve dans le commerce des carreaux de toute hauteur, depuis 10 jusqu'à 22 centimètres. Ces hourdis offrent l'avantage d'être aussi sourds que les autres et d'une confection plus facile. Ils sont aussi un peu plus légers.

12. *Voûtes en briques creuses.* — Les divers genres qui viennent d'être indiqués conviennent surtout pour les étages ; mais pour les planchers des rez-de-chaussée, qui sont généralement destinés à des magasins, on doit employer préférablement de petites voûtes en briques creuses ou pleines. Ces voussettes sont beaucoup plus solides que les hourdis plats dont elles possèdent tous les avantages et peuvent, en outre, dispenser complétement d'entretoiser les solives sur lesquelles elles reposent ; cependant quelques constructeurs emploient encore dans ce cas comme chevêtres des fers méplats noyés dans les voûtes et boulonnés sur le milieu de l'âme ou partie verticale des poutrelles.

13. *Intrados des voûtes.* — *Rejointoiement et enduit.* — Souvent on se borne à rejointoyer avec soin l'intrados des voussettes, c'est-à-dire le dessous, et à laisser les briques apparentes ; mais on peut aussi les recouvrir d'un enduit pour l'application duquel, bien entendu, il n'est pas besoin de lattis.

II.

Aire des planchers.

14. *Carrelage des rez-de-chaussée.* — Pour les rez-de-chaussée, on emploie le plus souvent un carrelage en matière dure, soit pierre, marbre, ciment

comprimé, etc., etc., qui se pose sur un lit de plâtre ou de ciment auquel on donne 3 à 4 centimètres d'épaisseur.

Préalablement à l'application de cette couche générale, il faut avoir soin de remplir exactement d'un lit de sable bien serré, ou mieux encore de bon mortier ordinaire étendu en plusieurs couches, tous les vides de l'*extrados*, de manière à obtenir une surface plane parfaitement unie et au même niveau que le dessus du bourrelet supérieur des poutrelles.

15. *Parquets ou planchers.* — S'il s'agit de parquets ou de simples planchers, on les fixe sur des lambourdes espacées de 40 à 50 centimètres de milieu à milieu. La dimension qu'il convient de donner à ces petites pièces de bois est quelque peu subordonnée à leur écartement entre elles. Elle peut être de 6, 7 ou 8 centimètres de largeur, sur une hauteur variant de 40 à 80 millimètres.

Pour rendre ces lambourdes immobiles, on les scelle dans de petits murets en plâtras reposant sur le hourdis, ou bien on les entretoise au moyen de tringles posées longitudinalement sur les poutrelles. Ce dernier mode donne un peu moins de poids au plancher; toutefois la différence est si peu sensible sur le tout qu'on peut employer indifféremment l'un ou l'autre système.

III.

Poids propre des planchers.

16. D'après des calculs faits avec le plus grand soin, et plusieurs expériences pratiques, il résulte que les planchers ordinaires en fer, hourdés en plâtras ou en briques creuses, pèsent respectivement, par mètre superficiel, les poids indiqués dans le tableau suivant :

POIDS PROPRE DES PLANCHERS avec parquet et plafond	ÉPAISSEUR DES PLANCHERS				OBSERVATIONS
	(1) 0m 25	0m 30	0m 35	0m 40	
	k°	k°	k°	k°	(1) EXEMPLE :
Hourdés en briques creuses	250	280	330	400	Parquet ... 0m 023 Lambourde 0 047 Poutrelle .. 0 160 Plafond ... 0 020 } 0m 25
Hourdés en plâtras.	260	300	350	425	

IV.

Eléments qui servent à déterminer la section des fers à employer

POUR LES PLANCHERS DES MAISONS D'HABITATION

17. *Epaisseur moyenne et poids des planchers.* — Dans la généralité des cas, surtout en ce qui concerne les maisons particulières, les planchers présentent, avec le plafond et le parquet, une épaisseur moyenne de 25 centimètres et un poids propre d'environ 250 ou 260 kilogrammes, selon qu'ils sont hourdés en briques creuses ou en plâtras de démolition.

18. *Charge passagère sur les planchers.* — D'un autre côté, la charge *passagère* que l'on doit compter moyennement pour les planchers étant de 250 à 280 kilogrammes, on arrive à trouver que l'ensemble des poutrelles doit être combiné de manière à résister à une pression *minima* de 500 kilogrammes par mètre carré, si l'on veut obtenir un plancher d'une stabilité parfaite, qui ne vibre pas au moindre choc, et qui ne prenne pas à l'usage une courbure concave, dont l'un des nombreux inconvénients est de déformer et de gercer les plafonds qui se trouvent en-dessous.

19. *Exemple pour une pièce de 4 mètres de côté.* — Pour une pièce de 4 mètres de côté, avec hourdis

en briques creuses, les fers à double T, espacés de 80 centimètres l'un de l'autre, devront être choisis de section transversale suffisante pour résister ensemble à une charge constante de 8,000 kilogrammes ($16^{m^2} \times$ 500 k°). Or, comme il y aura quatre poutrelles et deux portées sur les murs latéraux qui supporteront chacun une demi-travée, il en résulte que chaque fer sera susceptible de subir une pression égale au cinquième du poids total, soit 1,600 kilogrammes.

Si maintenant l'on cherche au tableau n° 3 ci-après, page 21, les dimensions nécessaires pour une poutrelle ayant à supporter une charge semblable uniformément répartie sur toute sa longueur, les deux points d'appui étant éloignés de 4 mètres, on trouve que le fer à double T, n° 12, de 120 millimètres de hauteur, pesant 14 kilogrammes au mètre courant, suffira et au-delà, puisqu'il pourrait résister à une pression de 1,638 kilogrammes.

Mais on verra aussi dans le même tableau que la poutrelle n° 14, pesant le même poids bien qu'un peu plus haute, offre encore une résistance plus grande (1,934 kilog.) ; on préfèrera donc cette dernière qui ne coûtera pas davantage, si toutefois la hauteur dont on dispose permet de faire un choix.

Comme la longueur des fers à double T que l'on trouve dans les dépôts des grandes usines est assez ordinairement divisée par tiers de mètre, on aura donc à commander quatre poutrelles de $4^m \, {}^1/_3$ de long, ce qui permettra de donner une portée suffisante dans les murs.

20. *Tableau indiquant à première vue la section des fers à employer.* — L'exemple qui précède n'a été donné qu'à titre de simple renseignement pour montrer

la manière dont il faudrait opérer si l'on n'avait les tableaux suivants, qui dispensent de toute espèce de calcul et permettent de connaître à première vue la section transversale des fers que l'on doit employer, étant donnés simplement, avec le genre de hourdis à établir, la distance entre les points d'appui et l'écartement entre les poutrelles.

TABLEAU N° 1

Planchers avec hourdis en briques creuses.

(V. l'observation à la suite du tableau n° 4).

PORTÉE des fers entre les points d'appui.	FERS A EMPLOYER AVEC UN ÉCARTEMENT DE 0m 80.			0m 90.			1m 00.		
	N°	Hauteur des fers en m/m.	Poids par mèt. courant	N°	Hauteur des fer en m/m.	Poids par mèt. courant.	N°	Hauteur des fers en m/m.	Poids par mèt. courant
			K°			K°			K°
2m00	8	80	6 1/2	8	80	6 1/2	8	80	6 1/2
2.50	8	80	6 1/2	10	100	9	10	100	9
3.00	10	100	9	10	100	9	12	120	11
3.50	12	120	11	12	120	11	12	120	14
4.00	12	120	14	14	140	14	14	136	18
4.50	14	136	18	16	160	16	16	158	20
5.00	16	158	20	16	158	20	18	180	20
5.50	18	180	20	18	180	26	18	180	26
6.00	18	180	26	22	220	26	22	220	26
6.50	22	220	26	18 LB	180	27	237	237	29 1/4
7.00	237	237	29 1/4	23	235	32	20 BM	200	31
7.50	20 BM	200	31	20 LB	200	42	20 LB	200	42
8.00	20 LB	200	42	20 LB	200	42	250 LB	250	45
8.50	254	254	42 1/2	300 LB	300	60	300 LB	300	60
9.00	250 LB	250	45	300 LB	300	60	300 LB	300	60
10.00	300 LB	300	60	300 LB	300	60	300 LB	300	60

LB indique les poutrelles à large bourrelet ; BM celles à bourrelet moyen.

TABLEAU N° 2

Planchers avec hourdis en plâtras de démolition

OU AVEC VOUSSETTES EN BRIQUES CREUSES ET CARRELAGE AU-DESSUS.

(V. l'observation à la suite du tableau n° 4).

PORTÉE des fers entre les points d'appui.	FERS A EMPLOYER AVEC UN ÉCARTEMENT DE 0m 80.			0m 90.			1m 00.		
	N°	Hauteur des fers en m/m.	Poids par mèt. courant.	N°	Hauteur des fers en m/m.	Poids par mèt. courant.	N°	Hauteur des fers en m/m.	Poids par mèt. courant.
			K°			K°			K°
2m00	8	80	6 1/2	8	80	6 1/2	8	80	6 1/2
2.50	10	100	9	10	100	9	10	100	9
3.00	10	100	9	10	100	9	12	120	11
3.50	12	120	11	12	120	11	12	120	14
4.00	12	120	14	14	140	14	14	136	18
4.50	14	136	18	16	160	16	16	158	20
5.00	16	158	20	18	180	20	18	180	20
5.50	18	180	20	18	180	26	18	180	26
6.00	18	180	26	22	220	26	22	220	26
6.50	22	220	26	237	237	29 1/4	237	237	29 1/4
7.00	237	237	29 1/4	23	235	32	20 BM	200	31
7.50	20 BM	200	31	20 LB	200	42	20 LB	200	42
8.00	20 LB	200	42	254	254	42 1/2	250 LB	250	45
8.50	250 LB	250	45	300 LB	300	60	300 LB	300	60
9.00	250 LB	248	62	300 LB	300	60	300 LB	300	60
10.00	300 LB	300	60	300 LB	300	60	305	305	84 1/2

Il est superflu sans doute de faire observer que l'on peut toujours employer pour une portée moindre toute poutrelle d'une section suffisante pour une portée supérieure. Il peut arriver, par exemple, que pour une distance entre les points d'appui de 8m 50, avec 90 centimètres d'écartement entre les solives, on trouve un peu haut le fer de 300 millimètres. Alors rien n'empêche de se servir du fer n° 250, de 25 centimètres seulement, indiqué pour une portée de 9 mètres. On aura, il est vrai, un poids de 2 kilogrammes de plus par mètre courant, mais aussi, par une compensation qui peut avoir une grande valeur dans certains cas, la hauteur de la poutrelle sera de cinq centimètres moins élevée.

V.

Planchers à grande portée.

21. *Poutres.* — Au-dessus de 8m 50 à 9 mètres de portée, il est préférable à tous les points de vue, tant sous le rapport de la stabilité que sous celui de la dépense, de diviser la longueur des pièces en travées de 3 mètres environ par des poutres noyées dans l'épaisseur des planchers, et contre lesquelles on assemble de petites solives avec des cornières et des boulons. La section de ces solives sera également déterminée avec les éléments dont il a été parlé au n° 20.

22. *Manières différentes de placer les poutrelles secondaires.* — Pour l'établissement de ces planchers à grande portée, on se contente quelquefois de poser simplement les poutrelles secondaires sur les bourrelets supérieurs des poutres qui, alors, doivent rester apparentes au-dessous du plafond ; mais cela n'est pas toujours possible à concilier avec la destination des pièces. En ce cas toutefois, les abouts des petites solives doivent être soigneusement noyés et serrés dans un muret en briques élevé sur la poutre même, dans l'épaisseur du plancher.

23. *Poutres en fer laminé.* — Quand on ne les fait point en tôle et cornières, les poutres se composent

ordinairement de plusieurs fers à double T armés et accolés au moyen de boulons (v. n° 27). Il faut qu'elles soient combinées d'une force suffisante pour pouvoir supporter ensemble le poids propre du plancher et la charge passagère.

Par exemple, s'il s'agit d'une pièce de 12 mètres de longueur sur 8m 50 de largeur, on aura 4 travées de 3 mètres chacune pour une charge totale d'environ 50,000 kilogrammes, en supposant un hourdis en briques creuses; soit 12,500 kilogrammes pour chaque poutre d'une portée de 8m 50 entre les points d'appui.

On pourra donc employer suivant les circonstances :

1° Trois fers n° 250, à large bourrelet, d'une hauteur de 250 millimètres, pesant 45 kilogrammes au mètre courant, et susceptibles de résister à une pression constante de 12,900 (v. tableau n° 4).

2° Deux fers n° 300, ayant 30 centimètres de hauteur, pesant 60 kilog. au mètre courant, et pouvant supporter ensemble près de 14,000 kilogrammes.

Dans l'un comme dans l'autre cas, les solives intermédiaires pourront être de simples fers à double T de 10 ou 12 centimètres de hauteur, selon leur écartement entre elles (v. tableaux nos 1 et 2).

VI.

Cloisons ou murs de refend reposant sur les planchers.

24. *Murs reposant longitudinalement sur les solives.* — Dans tout ce qui vient d'être dit au sujet de l'emploi de fers à double T pour planchers, on n'a supposé aucune cloison, aucun mur de refend reposant sur les solives, soit longitudinalement, soit transversalement ; mais il est clair que si l'on doit faire porter sur les planchers quelques-unes de ces cloisons, la

section des poutrelles devra être augmentée en raison du poids supplémentaire qui viendra les charger.

Ainsi, dans le cas où l'on emploie des fers n° 14, de 14 kilogrammes au mètre courant pour un plancher d'une portée de 4 mètres, si l'on a une cloison d'une demi brique creuse d'épaisseur à poser longitudinalement sur une solive, on devra calculer le poids de ce mur, et augmenter en conséquence la section du fer qui devra le supporter. Soit par exemple un refend de 4 mètres de hauteur sur 4 mètres de longueur et 12 centimètres d'épaisseur avec l'enduit de chaque côté : On aura 1^{m3} 920 de maçonnerie qui pèsera environ 2,700 kilog. (1,920 × 1,400). Or si l'on ajoute à ce poids celui de la portion de plancher à supporter par la même solive, 1,600 kilogrammes (v. au n° 19), on voit qu'elle devra être choisie de section convenable pour résister à une pression de 4,300 kilogrammes (2,700 + 1,600). Un fer à double T, n° 18, pesant 26 kilogrammes au mètre courant, remplirait les conditions voulues (v. tableau n° 3) ; mais il serait de 4 centimètres plus haut que les autres fers du plancher et pourrait gêner pour la pose du parquet. Il sera donc plus commode d'employer deux poutrelles n° 14 à *âme renforcée,* pesant 18 kilogrammes et susceptibles d'être chargées avec sécurité d'un poids de 4,374 kilogrammes (2,187 × 2), la distance entre les points d'appui étant de 4 mètres seulement (v. tableau n° 3).

25. *Murs reposant transversalement sur les solives.* — Pour les murs, cloisons, refends posés transversalement aux solives, les calculs sont peut-être un peu plus longs, sans présenter toutefois beaucoup plus de difficultés lorsqu'on emploie les formules pratiques et rapides que nous avons trouvées. Ces for-

mules sont données plus loin, à l'article Poitrails, nos 40 et suivants. Elles sont si simples et d'une application si facile que toute explication à leur sujet serait superflue.

26. *Observation générale au sujet de l'emploi des fers à double* T. — Avec les renseignements qui précèdent et les tableaux qui suivent, il devient inutile d'entrer dans de plus longs détails en ce qui concerne l'emploi des fers à double T pour planchers ; on remarquera toutefois que pour l'établissement de ces tableaux, on a eu spécialement en vue les fers qui se trouvent le plus communément dans le commerce, et que l'on est toujours à peu près sûr de se procurer sans délai dans les dépôts des grandes usines de la *Providence*. On fait, il est vrai, des fers de sections intermédiaires entre celles que nous indiquons ; mais en outre que l'on ne pourrait y avoir recours que très rarement avec quelque avantage, on courrait fort souvent le risque d'être obligé d'en attendre la fabrication et d'interrompre le cours de ses travaux, ce qui serait parfois très préjudiciable. D'ailleurs, qu'il s'agisse de bois, de fer ou d'autre matière, le constructeur ne doit jamais oublier, — s'il veut construire vite et à un bon marché relatif, — que l'emploi judicieux de matériaux de *dimension courante* est un des plus sûrs moyens d'arriver à son but.

A ce dernier sujet, nous observerons que la longueur normale des poutrelles ordinaires en fer laminé est de 7 mètres, tandis qu'elle n'est que de 5 mètres pour les fers à large bourrelet. Au-delà de ces limites on est quelquefois obligé de commander spécialement aux usines et de payer une majoration de un franc par mètre et fraction de mètre.

TABLEAU N° 3.

Poutrelles à petits bourrelets employées plus particulièrement pour planchers ordinaires, et laminées avec une flèche de 0 m. 005 par mètre.

Nos des poutrelles	HAUTEUR en m/m	Epaisseur de lame m/m	LARGEUR des bourrelets m/m	POIDS par m. courant K°	CHARGES PERMANENTES UNIFORMÉMENT RÉPARTIES pour des portées entre les points d'appui de										
					2 mèt. K°	3 mèt. K°	4 mèt. K°	5 mèt. K°	6 mèt. K°	7 mèt. K°	8 mèt. K°	9 mèt. K°	10 mèt. K°	11 mèt. K°	12 mèt. K°
8	80	4	36	6 1/2	1179	786	590	472	393	337	»	»	»	»	»
10	100	5 1/2	48	9	2117	1411	1058	847	641	495	433	385	346	315	288
10	97	7 1/2	50	12	2799	1866	1374	1119	848	654	572	509	458	417	381
12	120	6	45	11	2828	1885	1414	1131	857	752	578	514	463	420	380
12	120	9	50	14	3276	2184	1638	1310	992	850	670	595	536	487	446
14	140	8	47	14	3868	2578	1934	1547	1172	1005	791	702	632	575	527
14	136	11	52	18	4374	2916	2187	1749	1325	1136	894	795	715	650	596
16	160	7	48	16	4973	3316	2486	1989	1507	1292	1017	904	814	740	678
16	158	9	57	20	6037	4025	3019	2415	1829	1568	1235	1098	988	898	823
18	180	8	58	20	7182	4790	3591	2873	2176	1865	1469	1306	1175	»	»
18	180	11	66	26	8969	5979	4484	3587	2718	2329	1834	1631	»	»	»
20	200	8	62	22	8566	5710	4283	3426	2855	2225	1752	1557	1401	»	»
22	220	11	60	26	9952	6636	4976	3981	3317	2585	2036	1810	1629	»	»
22	218	19	73	40	15222	10148	7611	6088	5074	3954	3113	2767	»	»	»

TABLEAU N° 4.

Poutrelles à larges bourrelets, ordinairement laminées droites.

Nos des poutrelles	HAUTEUR en m/m	Epaisseur de lame m/m	LARGEUR des bourrelets m/m	POIDS par m. courant K°	CHARGES PERMANENTES UNIFORMÉMENT RÉPARTIES pour des portées entre les points d'appui de										
					2 mèt. K°	3 mèt. K°	4 mèt. K°	5 mèt. K°	6 mèt. K°	7 mèt. K°	8 mèt. K°	9 mèt. K°	10 mèt. K°	11 mèt. K°	12 mèt. K°
16	160	8	80	23	7932	5288	3966	3173	2404	2060	1622	1442	»	»	»
16	156	9	82	27	8868	5912	4434	3547	2687	2303	1814	»	»	»	»
18	180	8	92	27	10572	7048	5286	4228	3203	2905	2162	»	»	»	»
18	178	11	100	36	13574	9049	6787	5429	4113	3526	»	»	»	»	»
20 BM	200	8	100	31	14936	9957	7468	5974	4978	3879	3055	»	»	»	»
20	200	12	130	42	17432	11620	8716	6972	5810	4482	3922	3486	3157	»	»
20	200	15	133	50	20177	13451	10088	8071	6725	5188	4539	4035	»	»	»
23	235	»	90	32	14769	9846	7384	5107	4437	3500	2960	2600	2360	2150	1970
235	235	»	95	35	16526	11017	8263	6610	4957	3777	3305	2937	2644	2404	2203
237	237	»	92	29 1/4	12882	8710	6441	5197	3864	3312	2577	2290	2061	»	»
250	250	11	115	45	20684	13789	10034	8273	6894	5253	4596	4085	3677	3342	3064
250	248	18	120	62	26259	17505	13130	10504	7503	6669	5835	5187	»	»	»
254	254	»	102	42 1/2	18988	12658	9494	7595	5626	4822	4219	3750	3375	3069	2813
300	300	11	125	60	33118	22079	16559	13246	11039	8411	7359	6542	5887	»	»
300	297	16	140	90	44978	29985	22488	17987	14993	»	»	»	»	»	»
305	305	»	152	84 1/2	51474	34328	25737	20596	15256	13077	»	»	»	»	»

N. B. Il y a encore des fers à bourrelets inégaux et à triple bourrelet, mais comme on n'y a recours généralement que pour des cas exceptionnels, nous n'avons pas cru devoir nous en occuper.

Les numéros indiqués dans la première colonne des tableaux ci-dessus sont ceux donnés aux fers des usines de la *Providence* ; mais on pourra se procurer des pièces similaires dans d'autres usines en ayant soin de mentionner dans la demande les renseignements inscrits dans les 2e, 3e, 4e et 5e colonnes, qui donnent les dimensions et le poids des fers par mètre courant.

DEUXIÈME PARTIE.

POITRAILS.

I.

Destination et composition des poitrails.

27. Les poitrails sont des poutres destinées à supporter ou remplacer des parties de murs au-dessus de larges baies. Ils sont ordinairement composés de plusieurs fers à bouble T armés et accouplés soit par des frettes, soit par des boulons espacés l'un de l'autre de 80 centimètres environ.

Quelques architectes ont employé, — assez rarement toutefois, — des poutrelles à triple bourrelet, qui sont relativement fort lourdes et n'ont point en réalité une résistance proportionnée à leur poids. On fera donc sagement de les écarter, et il n'en est parlé incidemment ici que pour mémoire.

28. *Armature.* — Souvent on remplace l'armature en bois par des croisillons en fer carré de 20 à 25 millimètres de côté. C'est un peu plus coûteux à la vérité; mais c'est aussi peut-être un peu plus solide.

29. *Boulons et frettes.* — Les boulons doivent être proportionnés aux fers employés (v. n° 6), et le fer plat des frettes de 50 à 60 millimètres de largeur sur 12 à 15 d'épaisseur.

30. *Manière de poser les frettes.* — Lorsqu'on se sert de frettes préférablement aux boulons, il est bon de

les poser à chaud, parcequ'elles se raccourcissent en refroidissant et serrent alors les fers d'une façon très énergique.

31. *Remplissage du vide entre les poutrelles.* — Quand le poitrail est construit et mis en place de manière à présenter une largeur à peu près égale à l'épaisseur du mur qu'il doit supporter, on remplit les vides qui restent entre les fers avec de la maçonnerie de briques reposant sur les bourrelets inférieurs des poutrelles.

Certains constructeurs se dispensent de ce remplissage en briques en *fourrant* complètement le vide entre les fers avec des pièces de bois.

32. *Ancrage des poitrails dans la maçonnerie des piles.* — Quand plusieurs poitrails se trouvent placés à la suite les uns des autres, dans une longue façade, on doit les unir entre eux par des fers plats boulonnés sur les fers à double T, ce qui constitue un chaînage d'une incontestable utilité.

Chaque poitrail doit être en outre solidement ancré dans la maçonnerie des piles, et même encastré à ses extrémités, s'il y a lieu, par les chaînes de pierres ou de briques qu'elles supportent ordinairement.

Il est démontré par la théorie et la pratique que l'encastrement parfait des deux bouts d'une solive ou d'une poutre en augmente la résistance de près du double.

33. *Piliers ou supports intermédiaires entre les points d'appui.* — Pour soulager un poitrail et les piles qui le supportent, ou même parfois pour arriver à diminuer un peu la section des fers à double T, on fait

reposer les poutres sur un ou plusieurs supports intermédiaires entre les points d'appui, mais cela n'est pas toujours possible, en ce qu'une pareille disposition pourrait nuire, par exemple, à l'installation de certaines devantures de magasins. Nous nous occuperons dans la troisième partie de ce travail des dimensions qu'il convient de donner à ces piliers ou supports que l'on emploie tantôt en fonte, tantôt en fer.

II.

Éléments qui servent à déterminer la section des fers entrant dans la composition des poitrails.

34. *Règle générale.* — Quand on veut établir un poitrail, il faut avoir bien soin de tenir un compte exact de tous les éléments qui doivent concourir à déterminer le nombre et la section des fers à employer : Ces éléments sont nombreux, plus nombreux peut-être qu'on le croit généralement, ce qui fait que l'on est parfois très surpris de voir fléchir certains poitrails paraissant solidement établis au premier abord.

Pour une devanture de magasin, par exemple, il faut mettre en ligne de compte :

1° Le poids propre du cube de maçonnerie du mur de face que doit supporter le poitrail ;

2° Tout ou partie du poids des balcons, s'il y en a, avec leur charge passagère ;

3° La partie proportionnelle du poids des planchers (y compris la charge passagère) des divers étages dont les solives portent sur le mur de face ;

4° Partie du poids de la charpente des combles ;

5° Partie du poids des couvertures ;

6° Poids possible de la neige sur la partie proportionnelle des couvertures ayant leur point d'appui sur le mur de face ;

7° Pression exercée par le vent sur cette même partie des couvertures ;

8° Enfin, toute charge quelconque, constante ou accidentelle qui pourrait tendre à la flexion ou à la rupture des poitrails, — comme celle de l'établissement d'ateliers exceptionnels ou de dépôt de lourdes matières.

35. *Tableau des pesanteurs spécifiques de divers matériaux.* — Pour éviter au lecteur toute recherche dans des ouvrages spéciaux, nous donnons plus loin un tableau des pesanteurs spécifiques de divers matériaux employés dans la construction.

36. *Poids des planchers.* — En ce qui concerne le poids des planchers, on peut admettre en moyenne les chiffres suivants par mètre carré, y compris la charge *passagère* :

1° Planchers en bois, avec parquet et plafond sur lattis	350 à 360 kil.
2° Planchers en fer avec hourdis en briques creuses....................	480 à 500 »
3° Planchers en fer avec hourdis en plâtras de démolition..............	500 à 520 »

37. *Poids des couvertures.* — Les matières les plus usitées pour les couvertures des bâtiments sont les tuiles, les ardoises et le zinc. On emploie peu le plomb, et encore moins le cuivre, qui coûtent trop cher.

Voici le poids moyen de ces couvertures calculé suivant des inclinaisons rationnelles :

1° *Tuiles*, plate ordinaire, de Bourgogne, Muller, creuse en S dite flamande, et autres, le mètre superficiel........ 50 à 75 kil.

Tuiles de Josson.... .... 40 à 42 »

Tuiles de Tubize................. 42 à 45 »

2° *Ardoises* de Charleville, de Fumay (forte), d'Angers (forte)............. 23 à 25 »

De Fumay (fine), d'Angers (fine).. .. 11 à 15 »

3° *Couvertures métalliques.* — Les couvertures métalliques étant d'autant plus lourdes que leur épaisseur est plus considérable, il sera facile d'en obtenir le poids en multipliant le cube du métal employé, par la pesanteur spécifique de la matière qui est 11,350 kilogrammes pour le plomb, 8,850 pour le cuivre, et 7,190 pour le zinc.

38. *Poids de la neige.* — Quant au poids de la neige, on doit calculer à raison de 25 kilogrammes par mètre superficiel, en admettant une couche de 50 centimètres d'épaisseur, ce qui est à peu près le maximum de nos climats.

39. *Pression du vent.* — La pression exercée par le vent sur les couvertures est d'autant moins sensible que les toits sont plus inclinés; mais elle peut atteindre jusqu'à 278 kilogrammes par mètre superficiel sur des parties verticales sans aucun abri; cependant on ne compte ordinairement que la moitié de ce poids, à moins que l'on ne soit tout-à-fait en rase campagne ou sur le bord de la mer. D'un autre côté, comme l'inclinaison des toits diminue singulièrement l'action du vent, on peut admettre en toute sécurité, pour un versant de couverture, une pression de 140 kilogrammes par mètre

carré sur une rface ayant pour dimensions, d'une part, la longueur du versant; d'autre part, la hauteur verticale du toit.

Il est prudent de se renfermer dans ces sages limites, et de ne point rester en deçà; car le vent qui souffle en impétueux tourbillons et en violentes rafales dans les ouragans peut frapper parfois d'après un angle presque droit des surfaces très inclinées vers l'horizon.

III.

Charge et résistance des poitrails dans les cas qui se présentent le plus souvent.

Fers a employer.

(Les exemples et les formules qui suivent s'appliquent aux fers à double T sans distinction; qu'ils entrent dans la composition de poitrails, ou qu'ils soient employés isolément comme solives de planchers ayant à supporter transversalement une ou plusieurs cloisons en un ou plusieurs points déterminés.)

---

40. Premier cas. — *Charge uniformément répartie sur toute la longueur du poitrail.*

Dans le cas d'une charge uniformément répartie sur toute la longueur d'un poitrail, il suffira d'un simple coup d'œil jeté sur les tableaux nos 3 ou 4 pour connaître à première vue la section à donner aux fers à double T en raison du poids qu'ils devront supporter.

Supposons, par exemple, une baie de 4 mètres d'ouverture, sans piliers ou supports intermédiaires, et une charge totale de 30,000 kilogrammes formée de l'ensemble des éléments indiqués au n° 34; nous constaterons immédiatement que le poitrail dont il s'agit pourra être composé de différentes manières :

1° Trois fers à large bourrelet, n° 20, de 20 centimètres de hauteur, pesant 50 kilogrammes au mètre courant, résisteront à une pression constante de 30,264 kilogrammes (10,088 × 3);

2° Trois fers n° 250, de 250 millimètres de hauteur et de 45 kilogrammes au mètre, présenteront une résistance à peu près égale ;

3° Deux fers n° 300, de 30 centimètres de hauteur, pesant 60 kilog. au mètre courant, seront susceptibles de porter une charge de 33,118 kilog.

Or si l'on suppose les poutrelles de 4m 60 de longueur chacune, afin d'avoir une portée convenable sur les piles, le poids total des fers sera, suivant le cas :

690 kilogrammes,	avec une hauteur de	20	centim.
621	—	25	—
552	—	30	—

Si l'on n'était guidé que par l'économie, le choix serait bientôt fait ; mais il peut arriver que l'architecte soit obligé d'y sacrifier un peu, pour éviter de réduire la hauteur des pièces sous plafond, et il serait quelquefois d'une économie fort mal entendue de lésiner sur une centaine de kilogrammes de fer d'une valeur inférieure à 40 francs, puisque la main d'œuvre est toujours à peu près la même.

---

41. Deuxième cas. — *Poitrail chargé en un seul point, et au milieu de sa longueur.*

Les calculs à faire dans ce cas sont aussi d'une extrême simplicité, puisqu'il est reconnu que les poutrelles ainsi chargées ne peuvent supporter avec sécurité qu'un poids moitié moindre de celui auquel elles résisteraient s'il était uniformément réparti sur toute leur longueur.

Ainsi, pour un poitrail de 4 mètres de longueur chargé de 30,000 kilogrammes en un point seulement, au milieu, il faudra employer un ensemble de fers à double T comme s'il s'agissait d'un poids double (60,000 kil.) uniformément réparti.

On pourra s'arrêter à l'une des trois combinaisons suivantes :

1° Quatre fers à large bourrelet, n° 300, de 30 centimètres de hauteur, pesant 60 kilogrammes au mètre courant, et permettant de donner au poitrail une largeur minima de 50 centimètres (0.125 × 4). Ces fers résisteront ensemble, dans les conditions précitées, à une charge unique de 33,118 kilog. $\left(\frac{16,559 \times 4}{2}\right)$

2° Trois fers du même numéro, mais à *âme renforcée*, mesurant 297 millimètres de hauteur, et pesant 90 kilogrammes au mètre. On établira par cette combinaison une poutre de 42 centimètres de largeur au moins, pouvant supporter en toute sécurité une pression constante de 33,732 kilogrammes. $\left(\frac{22,488 \times 3}{2}\right)$

3° Trois poutrelles n° 305, qui présenteront une hauteur de 305 millimètres, une largeur ensemble *minima* de 45 centimètres 6 dixièmes, et un poids par mètre courant de 84 kilogrammes et demi. La résistance de ces poutrelles, toujours dans les mêmes conditions, sera de 38,605 kilogrammes.

En supposant, comme ci-dessus, la longueur des fers de 4^{m} 60, l'ensemble des poutrelles composant le poitrail pèsera, suivant le cas, 1,104, 1,242 ou 1,166 kilogrammes.

---

42. Troisième cas. — *Poitrail chargé en un point quelconque de sa longueur.*

On sait qu'une poutrelle chargée en un seul point, au milieu de sa longueur ne résiste qu'à un poids moitié moindre que celui qu'on peut lui faire supporter quand la charge est uniformément répartie, et la théorie démontre que, plus ce point unique de chargement s'éloigne du centre de la poutrelle pour se rapprocher du point d'appui, plus le fer est susceptible de résister à une forte pression.

Ecartant toute démonstration inutile, nous donnons ci-dessous un moyen pratique et très facile de déterminer la section des fers qu'il convient d'employer dans le cas qui nous occupe.

Etant donnée, par exemple, une poutrelle de 6 mètres de long, chargée de 1,000 kilogrammes à 1^{m} 50 de l'un de ses points d'appui, on devra chercher quelle pression ce poids placé comme il vient d'être dit opérera *précisément au milieu de la poutrelle*. Ce terme de comparaison étant connu, la question sera immédiatement résolue, et pour le trouver, il suffira tout simplement de *multiplier par la charge*, 1,000 kilogrammes, *la demi longueur de la poutrelle représentée en fraction décimale*, soit 0.50, *plus la fraction de longueur de la même poutrelle comprise entre le point d'appui et le point chargé,* soit encore 0.25 :

1,000 (0.50 + 0.25) = 750 kilogrammes,

charge *fictive* représentant la somme des efforts qui se produiront sur le *milieu* de la poutrelle.

Il faudra donc employer dans ce cas un fer d'une section suffisante pour résister à une pression de 1,500 kilogrammes uniformément répartie.

On opérera de même, bien entendu, pour l'ensemble des fers devant concourir à la formation d'un poitrail.

Si la charge était à 2 mètres d'un des points d'appui, toujours pour la même poutrelle de 6 mètres, on aurait :

1,000 (0.50 + 0.333) = 833

Si enfin, pour dernier exemple, la charge n'était éloignée que de 1 mètre d'un des supports, la formule deviendrait :

1,000 (0.50 + 0.166) = 666 kilogrammes,

charge *fictive* sur le milieu de la poutrelle, nécessitant un fer à double T susceptible de porter une charge uniformément répartie de 1,322 kilogrammes.

---

43. QUATRIÈME CAS. — *Poitrail chargé de deux poids égaux en deux points également éloignés de chaque extrémité.*

Pour connaître la charge *fictive* sur le milieu d'une poutrelle, on n'aura qu'à *multiplier la somme des deux charges par la somme des deux fractions de longueur comprises entre les points d'appui et les charges.*

Soit une solive de 6 mètres chargée de deux poids

de 1,000 kilogrammes chacun à égale distance, $1^m 50$, des points d'appui ; on aura :

(1,000 × 2) (0.25 + 0.25) = 1,000 kil.

Si les charges égales sont éloignées de 2 mètres des points d'appui, l'application de la formule donnera :

(1,000 × 2) (0.333 + 0 333) = 1,333 kil.

---

44. CINQUIÈME CAS. — *Poitrail chargé d'un nombre quelconque de poids égaux placés à éga'e distance les uns des autres.*

1o *Nombre de poids impair, dont un au centre :*

Supposer de *chaque côté du milieu d'une poutrelle* une seule charge formée de la réunion des charges partielles ; placer cette charge à une distance proportionnelle, et opérer comme il a été dit pour le 4me cas, en ajoutant au résultat obtenu le poids partiel du milieu.

Exemple : Fer de 6 mètres de long chargé de cinq poids égaux de 1,000 kilogrammes équidistants ; on aura :

(2,000+2,000) (0.25+0.25)=2,000k°+1,000=3,000k° charge *fictive* du milieu de la poutrelle qui, en raison de la manière dont les charges sont distribuées, devra être d'une force suffisante pour résister à une pression de 6,000 kilogrammes, tandis que le poids qu'elle supportera effectivement ne sera que de 5,000 seulement.

2° *Nombre pair de poids égaux équidistants :*

L'opération se résumera en ceci :

Diviser la somme des charges partielles par le nombre d'espaces et multiplier le quotient par la moitié plus ½ du nombre de ces intervalles.

Soit une poutre de 9 mètres ayant à supporter 8 poids égaux de 1,000 kilogrammes :

$$\frac{8,000}{9} \times 5 = 4,444 \text{ k}^{o}\ 44$$

Soit encore, comme au 2me exemple du 4me cas, une poutrelle de 6 mètres de long, chargée de deux poids de 1,000 kilogrammes, à 2 mètres des points d'appui ; ce qui la divise en trois parties égales. La charge *fictive* du milieu sera :

$$\frac{2,000}{3} \times 2 = 1,333 \text{ kilogrammes.}$$

---

45. Sixième cas. — *Poitrail chargé de deux poids inégaux en deux points quelconques.*

La charge *fictive* du milieu de chaque poutrelle pourra être considérée comme étant approximativement composée :

1° Du produit de la somme de deux poids égaux au plus faible par la somme des deux fractions décimales de longueur entre les charges et les points d'appui ;

2° Du produit de la différence entre les deux charges par la fraction décimale 0.50, plus la fraction de longueur de la poutrelle comprise entre le point d'appui et la charge la plus forte.

Soit un fer à double T de 8 mètres, chargé de deux poids de 2,500 et de 1,500 kilogrammes ; le premier à 3 mètres, l'autre à 2 mètres du point d'appui, on aura :

$$\left.\begin{array}{lll} 1^{o}\ (1,500 \times 2) & (0.375 + 0.\ 25) & = 1.875 \\ 2^{o}\quad 1,000 & (0.\ 50 + 0.375) & = \ \ ,875 \end{array}\right\} 2,750 \text{ k}^{o}$$

D'où il résulte que la poutrelle devra présenter une section convenable pour résister à une pression de

5,500 kilogrammes, uniformément répartie sur toute sa longueur.

---

46. Septième cas. — *Poitrail chargé d'un nombre quelconque de poids inégaux, soit équidistants, soit placés à des distances inégales.*

Dans le cas de plusieurs poids inégaux à des distances inégales, ce qui se rencontre moins souvent, on obtient une solution présentant une exactitude suffisante dans la pratique, en opérant par la méthode précédente (6me cas), après avoir ramené en un point proportionnel aux charges et aux écartements partiels les charges diverses de *chaque côté du centre de la poutrelle*.

S'il se trouve un poids placé *précisément au milieu*, on en fait abstraction dans l'opération, pour l'ajouter à la fin au résultat obtenu.

---

47. Remarque importante. — Il ne faut pas oublier que l'application des formules indiquées ci-dessus, donne pour résultat le poids d'une charge *fictive sur le milieu* des poutrelles, ou la *somme des efforts se concentrant sur ce point unique du chargement supposé.*

On doit se rappeler également que pour présenter une sécurité suffisante, tout fer ainsi chargé en son milieu seulement, doit avoir une section convenable pour supporter un poids *double* uniformément réparti sur toute sa longueur.

Section II

PILIERS OU SUPPORTS

EN

FONTE ET EN FER FORGÉ

Section II

PILIERS OU SUPPORTS

EN FONTE ET EN FER FORGÉ

48. Pour être véritablement considéré comme *support intermédiaire* et en remplir *effectivement* les fonctions, il faut qu'un pilier, en quelque matière et de quelque forme qu'il soit, présente une section suffisante pour résister à la charge *totale* qui lui incombe.

Tout support qui n'est pas dans ces conditions, ne soulage que dans une proportion *infiniment réduite* le poitrail sous lequel il est établi, et les piles qui reçoivent les extrémités de ce poitrail.

49. Les piliers ou supports que l'on emploie le plus généralement sont en fer forgé ou en fonte ; mais il est préférable de ne pas se servir de cette dernière matière quand elle doit être exposée à des chocs violents.

50. L'architecte jaloux d'établir ses constructions dans les meilleures conditions de stabilité possible, devra toujours veiller à ce que les extrémités des supports qu'il emploiera soient parfaitement *plates* et se présentent *perpendiculairement à la direction de la charge*.

51. Un pilier dont les extrémités sont plus ou moins arrondies peut perdre, par ce seul fait, jusqu'aux deux tiers de sa force ; tandis que, au contraire, si ce défaut très grave est évité avec soin, et le support fixé en outre solidement aux deux bouts, on obtient une augmentation considérable de résistance qui garantit contre une foule d'éventualités, des expériences nombreuses ayant démontré que *la résistance d'un pilier dont les*

extrémités sont solidement fixées, est égale à celle d'un pilier de même section transversale et de hauteur moitié moindre.

52. Quelques constructeurs font fabriquer des piliers avec un certain renflement vers le milieu ; mais on n'obtient, avec cette forme disgracieuse, qu'une augmentation de résistance assez restreinte, pouvant être évaluée à un huitième au plus.

53. A section et à hauteur égales, les piliers en fonte étan susceptibles de résister à une charge double de celle que l'on peut faire porter en toute sécurité aux piliers en fer, l sera toujours très facile de se rendre compte de la résistance possible d'un support en fonte, en multipliant par 2 les nombres inscrits dans les tableaux suivants dressés spécialement en vue des piliers en fer forgé. Dans la pratique cependant, en ce qui concerne surtout de *simples supports*, on ne se base généralement point sur une différence aussi grande : Quand on ne donne pas aux piliers en fonte la même section qu'à ceux en fer forgé, on se contente souvent de leur supposer tout au plus 1 fois $^1/_2$ la force de résistance de ces derniers.

54. La charge totale d'un poitrail devant être soulagé par un ou plusieurs piliers étant connue, il reste à déterminer la charge partielle de chacun de ces supports intermédiaires. On y arrive aisément par les formules suivantes qui ont une grande analogie avec les précédentes.

---

55. Premier cas. — *Un seul pilier intermédiaire placé en un endroit quelconque.*

Soit un poitrail de 8 mètres de long devant résister à une pression de 100,000 kilogrammes uniformément répartie; le support intermédiaire étant placé à 2 mètres d'un des points d'appui.

La charge du pilier sera *la charge totale multipliée par la fraction décimale représentant la longueur du petit écartement par rapport à la longueur du poitrail, plus la $^1/_2$ fraction de longueur du grand écartement.*

$$100,000\ (0.25 + \frac{0.75}{2}) = 62,500 \text{ kilogrammes.}$$

La charge sur chaque pile sera la différence entre 100,000 et 62,500 kil., répartie en sens inverse de l'écartement ; par exemple :

Pour la pile la plus rapprochée du support on aura :

$$\left.\begin{array}{l} \frac{37,500}{8} \times 6 = 28,125 \\ \text{Et pour l'autre } \frac{37,500}{8} \times 2 = 9,375 \end{array}\right\} 37,500 \text{ kil.}$$

Si le support était placé précisément sous le *milieu* du poitrail, la formule deviendrait :

$$100,000\ (0,50 + \frac{0.50}{2}) = 75,000$$

Et chacune des piles subirait une pression de 12,500 kilogrammes.

56. Deuxième cas. — *Deux piliers intermédiaires divisant la longueur du poitrail en trois parties égales.*

Supposons le même poitrail et la même charge totale que dans l'exemple précédent :

La somme des efforts produits sur les deux piliers ensemble équivaut aux $^3/_4$ de la charge entière.

$$\frac{100.000}{4} \times 3 = 75,000 \text{ kil.}$$

Soit pour chaque support une pression de 37,500 kil.
Et pour chaque pile. 12,500

57. Troisième cas. — *Deux piliers intermédiaires partageant la longueur du poitrail en trois parties dont deux égales, celles des extrémités ; la partie*

du milieu restant plus grande que chacune des deux autres.

La pression exercée par *moitié* sur chacun des deux piliers sera égale *à la charge totale, moins le produit de cette même charge par les $^3/_4$ de la fraction décimale de longueur d'un des petits écartements par rapport à la longueur de tout le poitrail.*

S'il s'agit encore d'un poitrail de 8 mètres ayant à supporter un poids de 100,000 kilogrammes, et soulagé par deux piliers éloignés l'un de l'autre de 2m 50 des piles, l'application de la formule donnera pour charge des supports ensemble :

100,000—100,000 $(\frac{0.3125}{4} \times 3)$=76,562 ou 38,281 pr chac.
Et pr les piles, par moitié égalt 23,438 ou 11,719 —

---

58. Quatrième cas. — *Deux piliers intermédiaires équidistants des piles et laissant au milieu du poitrail une partie moins large que chacune des deux autres.*

Du moment où la largeur de la partie du milieu est *inférieure au $^1/_3$ de la longueur du poitrail,* les deux piliers doivent être établis en raison d'une charge égale (pour les deux ensemble) aux $^3/_4$ de la charge entière. Ceci ressort de la comparaison entre elle des formules données pour le premier et le deuxième cas.

59. Pour l'emploi des piliers ronds en fer forgé, les tableaux nos 5 et 6 qui suivent permettent de se rendre compte instantanément du diamètre qu'ils doivent avoir en raison de leur charge et de leur longueur. Quant aux supports d'autres formes, rectangulaires ou autres, dont on se sert très peu, il est extrêmement facile d'en calculer la résistance au moyen du tableau no 7 ci-après.

TABLEAU N° 5.

Piliers ou colonnes en fer forgé, de 1 à 5 mètres de hauteur.

DIAMÈTRE des piliers c/m	POIDS des piliers par m. courant kil.	POIDS MAXIMA DONT ILS PEUVENT ÊTRE CHARGÉS AVEC SÉCURITÉ LEUR LONGUEUR ÉTANT :								
		1 m. kil.	1^{m} 50 kil.	2 m. kil.	2^{m} 50 kil.	3 m. kil.	3^{m} 50 kil.	4 m. kil.	4^{m} 50 kil.	5 m. kil.
0.05	15.00	14.080	8.880	5.824	3.097	1.518	»	»	»	»
0.06	21.61	22.669	15.307	11.095	7.464	4.348	2.505	»	»	»
0.07	29.42	33.606	25.030	17.594	13.556	9.419	5.887	3.743	»	»
0.08	38.39	47.060	37.190	27.320	21.257	16.498	11.739	7.760	5.289	»
0.09	48.63	63.050	51.821	40.591	30.585	25.171	19.757	14.343	9.928	7.079
0.10	60.03	80.817	68.335	55.853	43.371	35.252	29.187	23 142	17.097	12.854
0.11	72.42	99.502	85.983	72.464	58.946	46.132	39.556	39.979	26.402	19.826
0.12	86.48	»	106.324	91.569	76.815	62.060	51.731	45 542	37.353	30.164
0.13	101.44	»	128.202	112.373	96.544	80.715	65.286	57.281	49.276	41.272
0.14	117.70	»	153.698	136.321	118.944	101.566	84.184	71.923	63.514	55.104
0.15	135.06	»	180.518	161.884	143.250	124.616	105.982	87.553	78.573	69 592
0.16	153.73	»	»	189.181	169.314	149.448	129.580	109.714	94.947	85.425
0.17	173.49	»	»	218.928	197.826	176.724	155.622	134.520	113.418	102.816
0.18	194.57	»	»	250.160	227.863	205.567	183.271	160.974	138.678	121.129
0.19	216.79	»	»	281.121	258.072	235.022	211.973	188.923	165.873	142.824
0.20	240.21	»	»	320.067	295.449	270.831	246.214	221.596	196.979	172.361

TABLEAU N° 6.

Piliers ou colonnes en fer forgé, de 5 à 10 mètres de hauteur.

DIAMÈTRE des piliers c/m	POIDS des piliers par m. courant kil.	POIDS MAXIMA DONT ILS PEUVENT ÊTRE CHARGÉS AVEC SÉCURITÉ LEUR LONGUEUR ÉTANT :										
		5 m. kil.	5m 50 kil.	6 m. kil.	6m 50 kil.	7 m. kil.	7m 50 kil.	8 m. kil.	8m 50 kil.	9 m. kil.	9m 50 kil.	10 m. kil.
0.09	48.63	7.079	4.230	»	»	»	»	»	»	»	»	»
0.10	60.03	12.854	9.174	5.486	»	»	»	»	»	»	»	»
0.11	72.42	19.826	14.826	11.367	7.908	»	»	»	»	»	»	»
0.12	86.48	30.164	22.875	17.538	13.801	10.065	»	»	»	»	»	»
0.13	101.44	41.272	33.266	25.262	20.586	16.544	12.502	»	»	»	»	»
0.14	117.70	55.104	46.695	38.285	29.876	23.901	19.556	15.211	»	»	»	»
0.15	135.06	69.592	60.611	51.631	42.651	33.670	27.348	22.716	18.084	»	»	»
0.16	153.73	85.425	75.904	66.381	56.859	47.337	38.815	31.167	26.200	21.233	»	»
0.17	173.49	102.816	92.642	82.468	72.294	62.120	51.946	41.772	35.185	29.925	24.664	»
0.18	194.57	121.129	110.414	99.700	88.984	78.268	67.553	56.838	46.123	39.370	33.795	28.219
0.19	216.79	142.824	130.206	118.859	107.512	96 165	84.818	73.471	62.124	50.777	43 882	37.998
0.20	240.21	172.361	151.802	139.784	127.767	115.749	103.732	91.714	79.696	67.679	55.661	48.670

60. — Malgré que cela soit à peu près inutile, nous donnerons néanmoins un exemple sur la manière de se servir des tableaux qui précèdent.

Soit un pilier de 4 mètres de hauteur à établir pour supporter une charge de 45,000 kilogrammes.

On voit dans le tableau n° 5, colonne 9, ayant pour sous-titre 4 mètres, que le poids 45,542 correspond avec le chiffre 0.12 de la première colonne. Il sera donc nécessaire d'un pilier de 12 centimètres de diamètre pesant 86,48 au mètre courant, et en totalité 346 kilogrammes.

TABLEAU N° 7.

Supports en fonte ou en fer forgé

EN QUELQUE FORME QUE CE SOIT.

61. — Voici le tableau dont il a été parlé au n° 59. Il suffit d'y jeter un simple coup d'œil pour en comprendre toute l'économie : En effet, s'agit-il, par exemple de savoir de quelle résistance est susceptible un support *rectangulaire* en fer forgé de 3^m 36 de hauteur sur 0^m 10 et 0^m 08 de côté.

Divisant d'abord la longueur 3^m 36 par la plus petite dimension, 8 centimètres, on obtient 42 pour quotient. La plus petite dimension est donc contenue 42 fois dans la longueur; et la colonne 7 du tableau indique pour ce rapport 1 à 42 une résistance à la compression ou à l'écrasement de 334 kilogrammes par centimètre carré de section transversale. Cette section étant C^m 0080, il en résulte que le support pourra être chargé de 26,720 kilogrammes.

Poids (en kilogrammes) **dont on peut charger avec sécurité les supports en fonte ou en fer forgé.**

NATURE des SUPPORTS	LE RAPPORT DE LA LONGUEUR A LA PLUS PETITE DIMENSION ÉTANT :									
	12	18	24	30	36	42	48	54	60	66
Fer forgé	1000	832	664	496	415	334	253	172	130	88
Fonte.......	2000	1664	1328	992	830	668	506	344	260	176

On pourra connaître le poids des supports employés en en multipliant le *cube* par la pesanteur spécifique de la matière, pesanteur indiquée au tableau suivant.

TABLEAU N° 8.

Poids de divers matériaux de construction.

Le mètre cube de :	Kilogrammes.	
Maçonnerie de granitelle, granit ou marbre	de 2,700	à 3,000
Maçonnerie de pierre de taille compacte	2,400	2,600
— — poreuse .	1,300	1,600
— moellon	1,800	2,300
— cailloux	2,300	2,400
— briques pleines . . .	1,750	1,870
— briques creuses . . .	1,350	1,400

	Kilogrammes.	
Sable fin et sec	1,400	1,430
— humide	1,850	1,900
— fossile et argileux. . . .	1,710	1,800
— de rivière humide	1,770	1,860
Scories de forge, mâchefer . . .	770	1,000
Chaux vive sortant du four . . .	800	860
— éteinte, en pâte ferme . .	1,320	1,430
Mortier de chaux et sable . . .	1,850	2,150
— de mâchefer	1,130	1,230
Mortier de ciment	1,660	1,710
Plâtre cuit, battu et tamisé . . .	1,240	1,260
— gaché, humide	1,570	1,600
— — sec	1,400	1,415
Béton de cailloux	2,400	2,500
— de pierre concassée . . .	2,600	2,700
Granit de Soignies ou des Ecaussines	2,700	3,000
— des Vosges, de Bretagne et de la Manche	2,700	2,800
Marbre	2,720	2,850
Grès à bâtir	2,000	2,400
— de paveur	2,400	2,600
Pierre de taille tendre	1,150	1,800
— franche, demi roche	1,750	2,000
— liais doux . . .	2,150	2,300
— — roches dures.	2,300	2,450
— très compacte . .	2,450	2,600
Bois de chêne vert	930	1,230
— sec	650	1,015
— d'orme	560	700
— de frêne	750	850
— de hêtre	700	850
— de sapin du Nord	730	830

		Kilogrammes.
Bois de sapin commun	530	560
— — jaune	620	660
— de peuplier	350	500
Fer fondu		7,200
— forgé		7,777
Zinc		7,190
Plomb.		11‘350
Verre commun, à vitres		2,660
— blanc		3,200
— de Saint-Gobain		2,490

ANNEXE

DE LA

RÉSISTANCE DES BOIS

EMPLOYÉS COMME

POTEAUX, PIEUX, ÉTAIS, POUTRES

SOLIVES DE PLANCHERS, ETC.

ANNEXE

DE LA RÉSISTANCE DES BOIS

EMPLOYÉS COMME

Poteaux, Pieux, Étais, Poutres, Solives de planchers, etc.

I.

Résistance à l'écrasement.

POTEAUX, PIEUX, SUPPORTS, ETC.

D'après de nombreuses expériences, il résulte que la charge nécessaire pour produire l'écrasement de bois posés debout est environ, et par chaque centimètre carré de section transversale,

de 384 à 461 kilogrammes pour le chêne;
de 438 à 461 id. pour le sapin;

Mais la résistance des bois diminue avec la hauteur des pièces, de sorte que si la hauteur égale le petit côté de la base multiplié par

	1,	12,	24,	36,	48,	60,	72
la résistance est	1	$^5/_6$	$^1/_2$	$^1/_3$	$^1/_6$	$^1/_{12}$	$^1/_{24}$

Cette progression est donnée par Rondelet.

En général, on ne doit charger les bois dont la direction des fibres est verticale que du $^1/_{10}$ au $^1/_7$ au plus du poids susceptible de produire l'écrasement.

Quand on emploie des bois de forme cylindrique,

principalement pour pieux, pilotis, etc , on peut considérer dans la pratique, pour petite dimension de la base, *le côté d'un carré équivalent* à la surface de la section transversale; et pour obtenir ce côté, il suffira de multiplier

soit le diamètre par 0,8862
soit la circonférence par 0,2821

Exemple : Pour un pieu de 0^m 30 de circonférence, le côté du carré équivalent sera 0^m 08,463 (0.30 × 0,2821).

Il n'est peut-être pas inutile de faire remarquer à ce sujet que le mouton dont on se sert pour battre des pieux, doit peser environ le double du poids que chaque pieu devra supporter une fois enfoncé.

Les pieux battus à refus peuvent être chargés de 35 kilogrammes par chaque centimètre carré de leur section.

On trouvera ci-après un tableau indiquant, pour es diverses espèces de bois le plus généralement employées, le poids dont on peut charger avec sécurité chaque centimètre carré de la section transversale de poteaux, pieux, supports, étais, etc.; mais il faut ne point perdre de vue que, pour dresser ce tableau, on a supposé des bois de bonne qualité, sans aubier, nœuds vicieux, roulures ou autres défauts qui en atténuent considérablement la force. On devra donc réduire nos données de $^1/_5$ $^1/_4$ $^1/_3$ $^1/_2$ environ, selon que les bois dont on se servira seront de qualité *ordinaire, moyenne, médiocre* ou tout à fait *inférieure;* ce qui arrive assez souvent, surtout quand on est obligé d'employer certains bois du pays, ou bien encore des bois provenant de démolitions ou de constructions provisoires.

POIDS (en kilogrammes) **dont on peut charger avec sécurité chaque centimètre carré de la section transversale de poteaux, pieux, supports, étais, etc.**

ESPÈCES DE BOIS	RAPPORT DE LA LONGUEUR A LA PETITE DIMENSION DE LA BASE															
	1	12	14	16	18	20	22	24	28	32	36	40	48	60	66	72
Hêtre (principalem[t] p[r] pieux)	48	46	45	43	40	38	36	34	29	26	22	18	12	6	4.2	3
Chêne fort, aune (pour pieux)	47	45	44	42	39	37	35	33	28	25	21	17	11	5.5	3.8	2.7
Chêne faible	44	43	39	37	35	33	31	29	24	21	17	13	9	4.5	3.4	2.3
Sapin de Norvège, rouge, jaune fort et pin résineux	47	45	44	42	39	37	35	33	28	25	21	17	11	5.5	3.8	2.7
Sapin de Riga ou de Russie	45	44	42	39	37	35	32	31	26	23	19	15	10	5	3.6	2.5
Sapin des Vosges, des Alpes, des Pyrénées, pin sauvage, mélèze	43	42	38	36	34	32	30	28	23	20	16	12	8	4	2.8	2
Peuplier de Lombardie, de la Caroline et marronnier	32	31	30	29	27	25	24	22	19	17	14	11	7	3.5	2	1.5
Peuplier d'Italie, tremble, saule et autres bois légers	22	21	19	18	17	16	15	14	11	10	8	6	4	2	1.4	1

II.

Résistance des bois à la traction longitudinale.

Toute pièce de bois de forme rectangulaire possède une force *effective* de résistance qui est comme *sa largeur multipliée par le carré de sa hauteur, et en raison inverse de sa longueur.*

La *hauteur* d'une pièce de bois peut être aussi bien le grand que le petit côté de sa section transversale, selon qu'elle est posée à *plat* ou de *champ.*

Cette remarque est très importante, car la manière dont une solive est posée, par exemple, influe notablement sur le degré de résistance dont elle est capable.

Les expériences et les calculs faits pour trouver la valeur d'une *constante* relative à la résistance pour chaque centimètre carré de section transversale, et pour chaque espèce de bois, ont donné les résultats suivants, en opérant sur des pièces d'équarrissage moyen et exemptes de défauts :

Pour le bois	de chêne fort (cœur). . .	117	kil.
—	de chêne vert.	98	»
—	de chêne commun . . .	88	»
—	de sapin de Norwège, rouge ou jaune.	115	»
—	de sapin de Russie et de Riga.	76	»
—	de sapin des Vosges, des Alpes, des Pyrénées . .	72	»
—	d'orme	71	»
—	de melèze et châtaigner. .	70	»
—	de peuplier de Lombardie.	52	»
—	de peuplier noir et blanc.	35	»
—	de peuplier d'Italie, tremble et autres bois légers . .	23	»

Avec ces données, on peut se rendre compte très rapidement de la résistance de n'importe quelle pièce de bois soumise à un effort de traction longitudinale ; mais nous donnerons quelques exemples pour bien faire comprendre la manière d'opérer.

Premier cas. — *Pièce fixée à l'une de ses extrémités.*

Soit une solive de sapin rouge du nord, posée de champ, ayant 6 mètres de longueur sur 8 et 22 centimètres d'équarrissage.

Pour connaître le poids qui la fera rompre, il suffira de *multiplier la largeur de la pièce par le carré de son épaisseur, puis par la valeur constante du bois* (115), *et diviser le produit par la longueur exprimée en centimètres.*

$$8\ (22^2 \times 115) = \frac{445,280}{600} = 742 \text{ kilogrammes.}$$

Deuxième cas. — *Pièce chargée en un seul point au milieu, et dont les extrémités reposent sur deux points d'appui.*

On obtiendra le poids de rupture en *multipliant la largeur de la pièce d'abord par 4, puis par le carré de la hauteur et encore par la constante du bois employé. Le produit sera ensuite divisé par la longueur.*

$$(8 \times 4)\ (22^2 \times 115) = \frac{1,781,120}{600} = 2,968 \text{ kilogr.}$$

Troisième cas. — *Pièce chargée uniformément, ayant ses deux extrémités portées sur deux points d'appui.*

La formule sera la même que pour le 2e cas, sauf que le diviseur ne sera que la demi-longueur de la pièce de bois.

$$(8 \times 4)\ (22^2 \times 115) = \frac{1,781,120}{300} = 5,937 \text{ kilogr.}$$

Si la pièce était posée à plat, on aurait :

$(22 \times 4)(8^2 \times 115) = \frac{647,680}{300} = 2,159$ kilogr. seulement, suffisant pour occasionner la rupture.

Quatrième cas. — *Pièce encastrée et scellée à ses deux bouts, avec charge au milieu.*

On opérera comme pour le 2e cas, mais le résultat obtenu ne représentera que les $^2/_3$ de la charge de rupture. Il faudra donc compléter la formule comme ci-dessous :

$$\frac{2,968 \times 3}{2} = 4,452 \text{ kilogrammes.}$$

Cinquième cas. — *Pièce encastrée et scellée à ses deux bouts, avec charge uniformément répartie sur toute sa longueur.*

La formule à employer sera celle du 3e cas qu'il faudra également compléter comme dans l'exemple précédent.

$\frac{5,937 \times 3}{2} = 8,955$ kilogrammes, charge devant occasionner la rupture.

Si l'on compare entre eux les résultats de ces diverses formules, on voit qu'il en ressort certains principes que l'on fera bien de se remémorer en temps opportun ; les voici :

1° Une pièce de bois fortement assujettie à ses deux extrémités est susceptible de porter $^1/_3$ de plus que si elle est simplement posée sur deux appuis.

2° La résistance d'une pièce dont les deux bouts reposent sur deux appuis est X, si la charge est uniformément répartie, et $^X/_2$ si la charge est au milieu.

3° Une pièce fixée seulement à l'une de ses extrémités et chargée de l'autre supportera le double si la charge est uniformément répartie.

Dans la première hypothèse, sa force sera celle

d'une pièce de bois de même section et de longueur double supportée à ses deux extrémités.

4° Une pièce supportée au milieu et chargée à ses deux bouts offrira une résistance double si on la charge uniformément. Elle aura la même force relative que la précédente.

A la rigueur, on peut admettre pour les pièces de bois soumises à un effort de traction longitudinale une charge égale au $^1/_3$ de celle devant produire la rupture ; cependant il est préférable de ne les charger que du $^1/_4$.

Si donc la charge de rupture d'une pièce est 5,937 kilogrammes (v. au 3e cas), le poids constant qu'on pourra lui donner à porter ne devra pas être supérieur à 1,484.

On a constaté qu'une pièce de bois soumise à un effort de traction longitudinale cesse de pouvoir supporter le plus faible poids sans plier, lorsque sa longueur est égale à environ 100 ou 110 fois le *côté d'un carré équivalent* à la surface de sa section transversale.

Bien que l'application des formules indiquées ci-dessus soit des plus simples, nous complèterons néanmoins cette série de renseignements pratiques par un dernier exemple :

Soit *un plancher de 6 mètres de longueur sur 4m 50 de largeur, avec des solives en sapin de Riga espacées de 40 centimètres de milieu à milieu.*

On veut savoir si des bois de 6 $^1/_2$ centimètres sur 18 d'équarrissage seront suffisants pour un simple parquet et plafond ordinaire sur lattis :

La superficie de la pièce étant 27 mètres (6 × 4.50), le poids du plancher sera environ 9,450 kilogrammes, y compris la charge passagère (v. n° 36). Or comme il y aura 16 poutrelles, chacune devra résister à une pression de $\frac{9,450}{16} = 591$.

Voyons maintenant de quelle résistance est capable le bois en question :

$(6.5 \times 4)\ (18^2 \times 76) = \frac{640,224}{225} = 2,845$ kilogrammes. charge de rupture dont il faut prendre le $^1/_4$ pour avoir le poids qu'on peut faire supporter à chaque solive en toute sécurité, $\frac{2845}{4} = 711$. D'où le bois dont il s'agit peut être employé, sa résistance étant supérieure à celle exigée au minimum.

Nous terminerons cette étude par un tableau de la résistance de différentes pièces de bois que l'on trouve ordinairement dans le commerce, et qui sont le plus souvent employées comme solives de planchers.

ÉQUARRISSAGE ET NATURE des bois posés de champ.		POIDS (en kilogr.) DONT ON PEUT CHARGER LES SOLIVES AVEC SÉCURITÉ, leur portée entre les points d'appui étant								
		3m	3m50	4m	4m50	5m	5m50	6m	6m50	7m
centim. 6 1/2 sur 15	Sapin de Riga.	741	635	566	494	445	404	370	342	318
	Sapin rouge...	1121	961	841	747	673	611	560	517	480
6 1/2 sur 18	Sapin de Riga.	1067	915	800	711	640	582	538	492	457
	Sapin rouge ..	1613	1382	1210	1075	968	880	806	744	691
8 sur 22	Sapin de Riga.	1962	1682	1472	1308	1177	1070	980	906	840
	Sapin rouge...	2968	2544	2226	1979	1781	1619	1484	1370	1272
10 sur 27	Sapin de Riga.	3594	3164	2770	2462	2216	2015	1847	1705	1583
	Sapin rouge...	5589	4790	4192	3726	3353	3048	2794	2579	2395

N. B. — Les poids indiqués sont égaux au $^1/_4$ de celui qui produirait la rupture.

FIN.

TABLE DES MATIÈRES

Lille, Imp. Lefebvre-Ducrocq.

www.ingramcontent.com/pod-product-compliance
Ingram Content Group UK Ltd.
Pitfield, Milton Keynes, MK11 3LW, UK
UKHW021500090726
13657UKWH00003B/1429